建筑规划品读经典

U0222246

解读《街道的美学》

INTERPRETATION FOR
THE AESTHETIC TOWNSCAPE

胡一可　丁梦月　编著

江苏凤凰科学技术出版社

前 言

日本著名建筑师芦原义信的《街道的美学》和《续街道的美学》涉及诸多
建筑理论及知识，同时结合作者的创作实践，具有重要作用。《街道的美学》
成书于1979年，是作者多年来在街道、广场空间构成方面的研究成果。《街
道的美学》和《续街道的美学》这两部著作涉及格式塔心理学中"图形"
与"背景"的概念以及其他现代建筑理论，并引用中国的"阴阳"之说，
对日本和意大利、法国、德国等西欧国家的建筑环境与街道、广场等
外部空间进行了深入细致的分析比较，从而归纳出东方和西方在文化
体系、空间观念、哲学思想以及美学观念等方面的差异，并对如何接
受外来文化和继承民族传统问题，提出了许多独到的见解（第2页）。

正如简·雅各布斯（Jane Jacobs）在《美国大城市的死与生》中所述：
"当我们想到一个城市时，首先出现在脑海里的就是街道。街道有生气，

城市也就有生气；街道沉闷，城市也就沉闷。"街道对于城市而言意义非凡，但也许我们并不了解"街道"。本书认同凯文·林奇在《城市意象》中所描述的："城市居民和外来参观者在街道中穿行时，通过感受并认知城市空间和城市的市井活动，最终累积形成了对城市的意象。街道是人们停留时间较长的户外公共场所，因此街道对于人们形成城市的意象尤为重要。"街道是人的行为发生的场所，与车行路是完全不同的概念。道路是平面的，强调通行功能性，不安全；街道是立体的，具有体验性和领域感。从字面上理解，"街"与"道"本就承载了不同的意义。本书以对《街道的美学》原著的解读为契机，试图厘清街道的概念及其构成要素，并探讨街道的设计方法。书中蓝色文字为 2006 年百花文艺出版社出版的《街道的美学》一书中的重点内容。

目 录

一、街道的概念

1. 城市公共空间的层级及类型

1.1 城市空间

城市空间承载了历史与现代，如政治事件、大众狂欢、生活情景、社交活动、观光购物等。街道是人们生活之所，承载了对城市的想象和思考。摄影家、画家、电影导演，各类艺术家都在不舍昼夜地挖掘街道的潜力，因为，城市对于生活在其中的人而言，不过就是几个房间、几条街道和熟识的几个人。克里尔（Robert Krier）在《城镇空间》一书中将"城市空间"解释为"……城市内和其他场所各建筑物之间所有的空间形式。这种空间，依不同的高低层次，几何地联系在一起，它仅仅在几何特征和审美质量方面具有清晰的可辨性，从而容许人们自由地去领会这个外部空间，即所谓的城市空间。"当然，城市空间除了物质性，还具有社会性。学界比较认同芦原义信所谓的建筑"外部空间"就是城市空间，即相对于建筑内部而言，城市建筑之间的围合或半围合的"空"的部分。

1.2 城市公共空间

外部空间是从物质空间角度进行的描述，城市公共空间则强调了空间的社会性，"公共"是相对于"私有"而言的，赫兹伯格（Herman Hertzberger）在《建筑学教程》中提出城市空间可分为"公共"和"私有"两个空间范畴。城市公共空间是市民可以共享并自由使用的城市空间，包括街道、广场、街头绿地等；与之对应，建筑内部也存在公共空间，而庭院则是介于建筑和城市之间的公共空间类型。城市公共空间承载了绝大多数的集体记忆，其空间品质关乎城市的记忆，这种空间品质无法与城市割裂而独立存在，因为有时空间的几何数据、材质、布局可能都无法左右市民的体验，人们只是因为"需要这里""希望来这里"而聚集于此。以城市公共空间的视角审视城市空间不仅应区别于"私有空间"，更应体现对城市空间的认知和对城市未来的设计。

1.3 开敞空间与开放空间

开敞空间和开放空间是从物质空间的角度进行描述的，二者有所区别。在我国，多数学者将自然化程度较高的地方称为开敞空间（包含地形地貌、微气候、水文、生物多样性等元素），而将人工化程度较高的称为开放空间（街道、广场、街头绿地、庭院等）。国外很多学者都对开放空间（Open Space）进行了类似的分类，如凯文·林奇将其分为城市外缘的自然土地和城市内的户外活动区域两类。然而，无论如何分类，公共服务功能是核心内容。同一类物理空间涉及不同的公共和私密属性。

2. 内部与外部

通常在考虑建筑时，是把"内部"与"外部"的界线定在一幢建筑的外墙处，有屋顶的建筑物内侧视为"内部"，没有屋顶的建筑物外侧视为"外部"（第5页）。在芦原义信看来，建筑为外部空间提供界面，为使"街道的美学"成立，必须建立"内部"空间与"外部"空间的明确领域观念（第152页）。芦原义信总结了日本人和西欧人对待内、外部空间的不同态度：对于日本人而言，脱鞋进入的空间是"内"，穿鞋进入的空间是"外"；欧洲人在家里和街道上都穿鞋，对于他们而言，街道是家的延伸，是客厅。意大利的"城市客厅"闻名世界，但英国人却未必喜欢。英国诗人丁尼生曾说："我讨厌广场和街道，然而还是在那里跟熟人碰面"；英国人霍华德提出了"花园城市"的规划理念，他们对街道的感情没有意大利人那么深。按照芦原义信《外部空间设计》①（第 3 页至第 5 页）的观点，内与外的区分主要在于是否具有屋顶。当然，相对独立的庭院等外部空间的感觉会相对较弱。外部空间之所以有意义，是与人的行为分不开的。同建筑空间类似，外部空间由空间本身（空的部分）和围合它的界面共同形成。黑川纪章提出的"街道化建筑（Street-Architecture）"的空间概念探讨了街道内部化和建筑空间外部化的可能性。

在严格意义上，街道空间应是被建筑清晰界定的，属于建筑外部空间的一种类型。建筑外部空间是近人尺度的（一般在 20 ~ 25 米范围内，人眼可以辨识细节，空间具有亲切感），前文所述的开放空间则是在更大的尺度范围内（30 ~ 600 米）（表 1–1）。但是，在开放空间的系统中仍然存在小尺度空间，如庭院、小型广场（实际为被建筑围合的城市空间节点）、街头绿地等。这些空间类型如果与街道存在千丝万缕的联系，也可以作为街道的重要组成部分（表 1–2、表 1–3）。

---

① 作者：［日］芦原义信，译者：尹培桐，出版者：中国建筑工业出版社，出版日期：1985 年。

表 1-1 城市空间概念辨析（作者整理并绘制）

建筑空间				
城市环境	城市空间（外部空间）	城市封闭空间	军事基地、监狱	
		城市开敞空间（自然空间）	山林农田、河湖水体、绿地等自然空间等，城市边缘或郊外的闲置地、水域、自然保护区、农业和林业用地等	
		城市开放空间（建成环境）	城市私人空间	私人广场、私人停车场、私人绿地、仓库用地、私家园林、居住区户外场地、高尔夫球场等
			城市公共空间 — 城市私有公共空间	商业广场、商业步行街、商业停车场、医院大院、大学校园等
			城市公共空间 — 城市公有公共空间	公共绿地、公共广场、体育设施、城市公园、交通用地（道路、人行路、自行车路等）、公共停车场、道路旁绿化等

表 1-2 建筑与风景视觉尺度划分（作者整理并绘制）

风景视觉距离划分			
人物	整个风景地域或主要部分	风景单元整体概貌或主要部分	风景单元局部景观
刘滨谊	$D \leqslant 400$ 米	400 米 $\leqslant D \leqslant 5000$ 米	$D \geqslant 5000$ 米
划分依据：根据景观视觉敏感度			
齐童	$D \leqslant 600$ 米	600 米 $\leqslant D \leqslant 1000$ 米	$D \geqslant 1000$ 米
划分依据：视域影响范围			
孙善芳	$D \leqslant 300$ 米	300 米 $\leqslant D \leqslant 1500$ 米	1500 米 $\leqslant D \leqslant 3000$ 米
划分依据：视域影响范围			

表 1-3　建筑与风景视觉尺度划分（作者整理并绘制）

建筑视觉距离划分				
人物	建筑细节	建筑与环境的关系	建筑单体轮廓	建筑群轮廓尺度
王其亨（2005）	百尺为形，23 米 $< D <$ 35 米	—	千尺为势，230 米 $< D <$ 350 米	—
划分依据：以人体为准的尺度系统，并以十进制为基础，由室内空间尺度外延形成，即由尺而丈（10 尺），再而百尺（10×10 尺）、千尺（10×10×10 尺）				
熊明（2010）	强场 $D <$ 30 米	均衡场 30 米 $< D <$ 300 米	弱场 300 米 $< D <$ 600 米	虚场 $D >$ 600 米
划分依据：将建筑对人的心理影响程度定义为"场"				
F. 吉伯德（1983）	$D \leqslant$ 24.38 米	$D \leqslant$ 137 米	—	$D >$ 1219 米
划分依据：依据人体尺度进行丈量（《市镇设计》）				
芦原义信	20 米 $< D <$ 30 米	$D <$ 100 米	$D <$ 600 米	$D <$ 1200 米
划分依据：根据人的视觉识别距离				

注：1 尺 = 0.33 米。

3. 街道的概念

城市无法脱离街道而独立存在，美国建筑史兼文化学者 B. 鲁道夫斯基在《人的街道》一书中对街道的定义是："街道是母体，是城市的房间，是丰沃的土壤，也是培育的温床。"在这一认识上，东西方有共识。《清明上河图》最早的版本由北宋画家张择端所绘，描绘了清明时节北宋都城汴梁及汴河两岸的繁华景象，其对城市的解读显而易见。街道作为城市重要的外部空间，是城市重要事件发生的场所，例如革命与狂欢。街道是城市风尚展示之处，也是城市特色呈现之所。当然，街道也是私人欲望与公众道德之间微妙的界线。

墙对于建筑而言是最重要的边界，是提供领域感的重要元素，而在外部空间中，墙作为界定空间的强有力的要素，依然具有重要意义（第11页）。

刘易斯·芒福德（Lewis Mumford）在《城市的文化》一书中阐述了关于中世纪城市的情况，他说："城墙是为军事防御而设，城市的主要道路是按照方便地汇集于主要城门的原则来规划（第25页）。"不同类型的人居环境中，街道的含义不同。

街道在城市物质空间环境中具有纽带作用，它一方面是参与城市形态构建的"骨骼"，另一方面是城市公共生活发生的场所，是人们认识城市最直接的媒介。"街"与"道"在语义和所指方面均有不小的差别，《辞海》所定义的"街"为旁边有房屋的道路，与欧洲对于街（Street）的理解完全一致；"道"的解释则是供行走的道路。"街"字出自《管子·五行志》，是"通"的意思。到东汉年间，《说文解字》将"街"解释为"四通道"，即十字路口。"路"字最早见于《诗经·郑风·遵大路》，其含义与今天的"道路"相同。《说文解字》将"路"解释为"道"。[①] 可见，将"街"和"道"并置共同组成词语本身就有不能自圆其说之处。

当代，国外的描述无疑更加准确，因其根据不同的空间状态又进行了进一步的分类，包括 Alley（图 1–1）、Way（图 1–2）、Street（图 1–3），以车行交通为主的名称包括 Road（图 1–4）、Avenue（图 1–5）、Lane（图 1–6）等。综上所述，街道应该是步行交通空间，起到连接目的地的作用；

图 1-1 日本大阪街道，作者拍摄

图 1-2 日本大阪街道，作者拍摄

① 高克跃. "街""路"概念辨析与街道设计基本理念 [J]. 城市交通，2014，(01)：61–65；73.

图 1-3 丹麦瓦埃勒福尔德街，图片来源：Landskap Design 公司

图 1-4 日本大阪城市道路，作者拍摄

图 1-5 法国巴黎香榭丽舍大街，作者拍摄

图 1-6 日本名古屋小巷，作者拍摄

同时，街道也是日常活动、买卖、户外交流的场所。由此，街道是由于人的穿行行为带来了交流的机会。在空间尺寸方面，街道比巷道、路径宽；在空间属性方面，街道应该是三维的、具有空间感的，而道路是平面的，缺乏安全感和私密性。以法国巴黎香榭丽舍大道为例，其以长达 700 米的林荫大道闻名于世，漫步于碎石路面，小憩在沿街的长街，迷失在顶级品牌的商业街，穿行于烙下历史印记的咖啡厅。浪漫无所不在，正如普鲁斯特在《追忆似水年华》中所描述的："当我走在香榭丽舍大街上，首先可以面对我的爱情"。又如布拉格的温瑟拉斯广场（图 1-7），出现在米兰·昆德拉的《生命中不能承受之轻》及电影《布拉格之恋》中，作为新城区商业街道的地标中心，捷克国家博物馆、雪之女神教堂集聚于此，呈现布拉格的繁华之美，也是民主与自由的空间表达。当然，也有很多街道意趣盎然，甚至成为旅游产品，如旧金山的伦巴底街，以九曲花街而知名。在我国，也不乏颇具吸引力的街道空间，如丽江的四方街。四方街在宋末元初是商品交易场所，在大研古城的核心位置，曾经是茶马古道上的重要集市。

《街道与广场》提到了阿尔伯蒂和帕拉迪奥两人都区分了街道的两种主要类型——城市中的街道和城市之间的道路（第 138 页），作者并不赞同这样的阐述：一者因为街道位于城市之中，与建成环境关系密切；二者因为街道与道路是截然不同的两个概念。正如《街道与广场》中的经典描述：街道在任何时候既是道路又是场所。把街道看成是交通工具的通道非常自然，但它作为场所的功能却被大大地忽视了。街道上处于家门口外的公共开放空间曾给许多代人提供了社交的场所（第 144 页）。

图 1-7 捷克共和国布拉格温瑟拉斯广场，图片来源：https://m.mafengwo.cn/i/564923.html

综上所述，街道承载了人的"通过"和"停留"两类行为。在本书中，"街
道"仅为载体，其核心目标是创造有意义的城市生活空间。下面试举几例
街道的主要形式：中国城市常见的街道形式（图1-8）、日本京都街道（图
1-9）、中国山西平遥古城街道形式（图1-10）、中国香港街道（图1-11）、
比利时布鲁塞尔街道（图1-12）、荷兰滨水街道（图1-13）、下沉式街
道（图1-14）、特殊功用街道（图1-15至图1-18）。

图1-8 中国北京灯市口大街，作者拍摄　　　　图1-9 日本京都街道，作者拍摄

图 1-10 中国山西平遥古城街道，作者拍摄

图 1-11 中国香港街道，作者拍摄

图 1-12 比利时布鲁塞尔中心大广场附近街道，作者拍摄

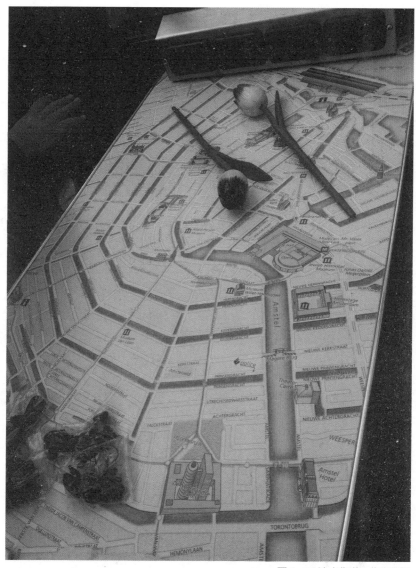

图 1-13 滨水街道，作者拍摄

图 1-14 下沉式街道，图片来源：OKRA landschapsarchitecten 公司

图 1-15 德国柏林米特区群星大道，图片来源：Art & Graft 设计事务所

图 1-16 德国柏林米特区群星大道，图片来源：Art & Graft 设计事务所

图 1-17、图 1-18 德国柏林米特区群星大道，图片来源：Art & Graft 设计事务所

芦原义信也提到了访问意大利托斯卡纳（Toscana）大区的阿西西（Assisi）和圣基米亚诺（San Gimignano）等有城墙的中世纪城市时的经历，表达了其对"城郭"的关注（第22页、第25页）。

沈玉麟在《外国城市建设史》中也曾提到街道在城郭中扮演的角色：古埃及象形文字中城市一词以圆形或椭圆形内划十字组成。其圆形或椭圆形代表城墙，十字代表街道。城市以十字街划分为4个部分。就街道能够创造生活这一点而言，我们需要谨慎地确定文献中"街道"的具体含义。然而，不可否认的是，街道对于城市结构具有重要影响力（图1-19），如芦原义信所描述的，街道就像是住宅中的走廊，当走到尽头便豁然开朗而来到广场上（第23页）。再进一步分析，街道既然具有这样的"骨骼"

图 1-19 荷兰杜斯堡市埃塞尔河码头和浮桥，图片来源：OKRA landschapsarchitecten 公司

功能，其连接的重要节点（能够引发活动的城市空间）应该成为其组成部分。正如《街道的美学》里的观点：意大利人有着世界上最广阔的起居室，这个广场就是街道上居民住宅的延伸。人们一天数次来到广场上，不光是在这里交谈、休息、领着孩子游戏，礼拜天还成为街道上的社交场所（第23页）。除广场外，街头绿地、庭院等空间类型如果与街道产生了千丝万缕的联系，也应作为作街道的重要组成部分。这些城市空间类型具有相似的特征，是被围合的凹空间。以广场为例，芦原义信强调广场是由各类建筑围合而成的空间，边界清晰，能够形成阴角，高宽比例和谐。广场在空间构成中是由建筑物、构筑物以及绿化加以界定的，具有较强的围合感，这与人群分布的空间状态是相符的。广场作为城市的"客厅""起居室"，是人们进行公共活动的重要空间。

二、街道的构成

1. 街道的构成要素

英国建筑学家 H.B. 克雷斯韦尔 1958 年在《建筑评论》中撰文，描述了 19 世纪末伦敦的景象，小巷、短街和院子提供了近人尺度的城市积极空间，其中有各种服务设施，但这并不是我们今天所理解的"美好的慢生活"，由于卫生条件、设施质量的限制，尘土、噪声、异味使街道成为市民想要躲避的城市空间。相同的空间格局和类似的功能却产生了差别巨大的空间体验，将街道分解为构成要素能够更好地解释这一现象。提到街道的控制要素，在每个人的脑海中都会浮现不同的内容：可能是各类控制线特别是建筑红线，可能是自行车的停放场地及其他各类场地，可能是绿化、围墙、坐凳、街道家具设施，也可能仅仅是人行道上的铺装，这就迫切需要我们建立逻辑关系明确的要素体系。高亦兰在《建筑外部空间形态研究提纲》中给出了比较好的答案：建筑外部空间的构成形态包括其实体部分、基面、开放空间部分、非建筑物的小品设置等。首先，最主要的关系是"实"与"空"的关系。按照意大利式构思，街道两旁必须排满建筑，形成封闭空间……如果一幢建筑毁坏而另建一幢新的不协调的建筑，也就立即会打乱街道的均衡（第 41 页）。也正如 B. 鲁道夫斯基所述，街道不会存在于什么都没有的地方，亦即不可能同周围环境分开。换句话说，街道必定伴随着那里的建筑而存在（第 42 页）。建筑界面以及其界定的空间是街道最重要的构成要素，接下来就是基面和小品。本书的基本立场是将街道空间视为真实的三维空间，那么，在这个意义上，基面（底界面）就与建筑立面（侧界面）具有相同的界定空间的作用，由此引申到顶界面。内部的小品则需要通过分类，进行系统、仔细的梳理。

因此，我们可以得出结论，在高层建筑周边无所依托的空地因缺乏围合感
和必要的空间引导，较难形成有活力的空间。当然，外部空间的围合与界
定可以通过多种景观要素来完成，如景墙、绿篱、花台等，甚至于地面的
高程变化也可以界定空间。由此，街道的空间得以拓展，可以理解为线性
布局的公共空间，其中具有若干节点，如小型广场（图 2-1 至图 2-3）。
意大利的广场体系比较完善，广场形成了街道的中心。正如《街道的美学》
中提到的，在中世纪的城市里，广场只是街道的扩展（第 51 页）。广场

图 2-1 德国柏林犹太博物馆研究与教育中心的开放空间，图片来源：Rehwaldt
Landschaftsarchitakten 公司

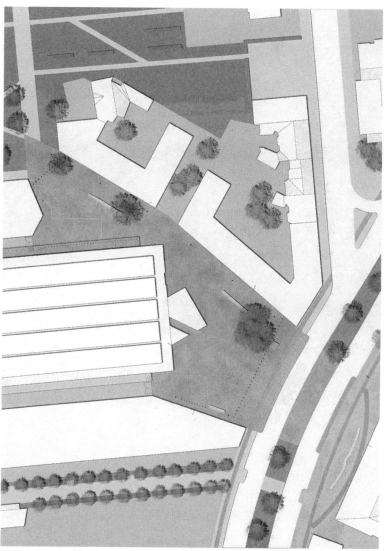

图 2-2 德国柏林犹太博物馆研究与教育中心的开放空间，图片来源：Rehwaldt
Landschaftsarchitekten 公司

图 2-3 法国巴黎街头小型广场，作者拍摄

作为街道的组成部分，有几个必要条件：其一是尺度适宜；其二是空间相连；其三是界面延续，即广场可视为空间节点。街头绿地是沿街布置的面积不大的开放性公共绿地（图2-4至图2-7），公共绿地为街道空间营造提供了更多可能性。

图2-4 法国巴黎圣母院附近某街头绿地，作者拍摄

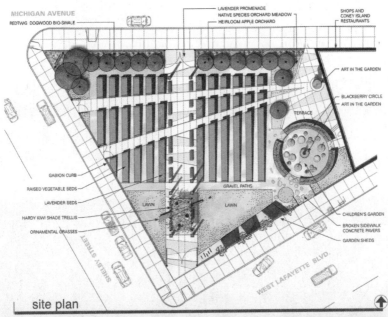

图2-5、图2-6美国密歇根州底特律某街头花园，图片来源: Kenneth Weikal Landscape Architecture, Farmington Hills, MI 景观设计项目

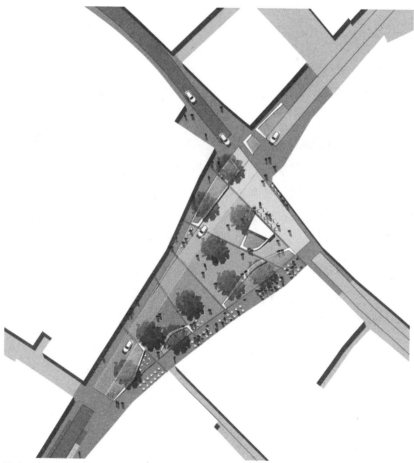

图 2-7 比利时梅赫伦市科伦市场博物馆公共绿地，图片来源：OKRA landschapsarchitecten 公司

"院落对于住宅的重要性有的时候不及其对于街道的重要性"（第32页至第33页）。街道与庭院的关系有时是无法拆分的，庭院对城市街道贡献巨大（图2-8、图2-9）。公共空间组织方式与产权有关；中国目前打开小区围墙的做法，在物质空间方面为具有活力的公共空间的营造提供了可能性。芦原义信已经将"街道"作为体系来理解，他以希腊或意大利居民具有人情味的街道景观为例进行了阐述。在街道的宽阔处，人们或是像在广场一样站着交谈，或是端出椅子缝补，或是纳凉，这样的情景到处可见。从空间领域来说，是把居住这一私用的内部秩序的一部分，以缝补、纳凉的形式渗透到街道这一公共的外部秩序之中。换句话说，街道也属于内部秩序的一部分（第37页）。可以得出这样的结论：一是芦原义信认为庭院既是内部空间的延续，又是外部空间重要的组成部分；二是类似广场体验的空间节点可以认为是街道的组成部分，其核心内容是支持类似的活动。

在厘清"街道"究竟包括哪几类空间的基础上，需要进一步整理街道的构成要素。芦原义信在《街道的美学》中曾简要地列举了街道中的要素：

道路上的附属设施（路灯、长椅、垃圾箱、标志、引导牌、饮水器、邮筒、公用电话及地铁入口等）由于均形成第二次轮廓线，故而希望能精心设计，在整体上与第一次轮廓线协调（第157页）。在人行道上设置了巴士候车站、经过设计的指路牌、室外雕塑、喷水池、时钟及路灯等等（第82页）。

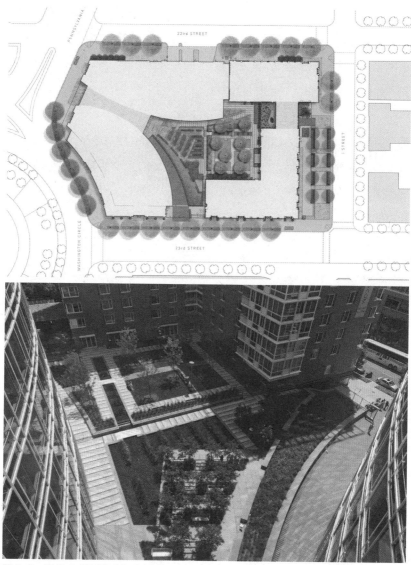

图 2-8、图 2-9 美国华盛顿宾夕法尼亚大街，图片来源：SASAKI 设计事务所

街道以空间位置划分，可分为地面街道、地下街道和空中街道。其中，地面街道最常见，由地面铺装（底界面）、侧界面（建筑立面）、街道家具、植物等几个主要部分构成，但有时地下的设施部分也会影响街道的空间格局，如通风及采光口、电线、井盖等。

地面街道———一般意义上的街道，如商业步行街等，是"街道"的内涵部分。地下、空中的街道依然存在，其不仅具有通行功能，同时也承载了人的活动。地面街道可分为无顶界面和有顶界面两大类（图2-10、图2-11），另外，街道的尽端一般与道路连接，也可能与步行桥相连（图2-12）。

图2-10 日本京都某街道，作者拍摄

图 2-11 荷兰霍普多夫中心商业街，作者拍摄

图 2-12 丹麦瓦埃勒福尔德街，图片来源：Landskap Design 公司

地下街道——如地下过路通道形成的地下商业街等（图 2-13），地下街道由于通行而产生商业价值，进而吸引了其他活动的加入（图 2-14）。

图 2-13 地下商业街的表演艺人，图片来源：http://image.baidu.com/search/

图 2-14 中国海口美兰区某地下街道，作者拍摄

空中街道——未来可能以高架桥、天桥等通行步道形成的街道，目前具有活力的天桥空间，主要以地摊售卖为主；另外，依托建筑的空中街道也并不鲜见，室外楼梯直接通往建筑的第二层甚至第三层（图2-15）。

图2-15 法国巴黎蓬皮杜艺术中心空中廊道，作者拍摄

街道构成要素的分类：

以空间界面划分，可以分为底界面、垂直界面和顶界面。这也对应了本书的宗旨——街道是立体的、需考虑空间构成和空间组织的、承载人的活动的城市线性空间。

街道底界面——街道的底界面主要由铺装构成，但其上的街道家具等很难被拆分出来。街道是"立体的""空间的"不仅仅在于建筑界面，底界面也提供了多种可能性（图2-16至图2-19）。

街道垂直界面——建筑立面是街道的主要界面，楼梯、阳台、拱廊、骑楼等要素经常参与街道空间营造。当然，还有其他类型的界面，如院墙、植物墙等（图2-20至图2-24）。

街道顶界面——横幅、树冠、灯笼、彩旗、灯具装饰等。我们时常可以发现，很多时候，街道的吸引力和标识性来自顶界面，如欧美的很多中国城均用灯笼这一要素组织顶界面（图2-25）。

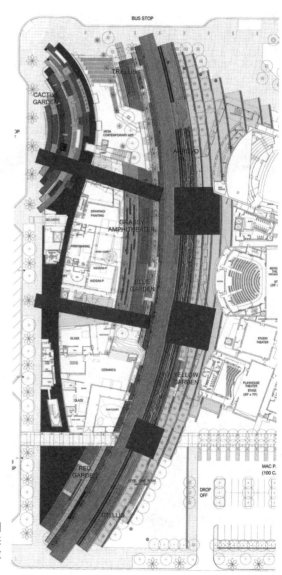

图 2-16 美国亚利桑那州梅萨艺术中心，图片来源：玛莎·施瓦茨及合伙人设计事务所

图 2-17、图 2-18、图 2-19 美国亚利桑那州梅萨艺术中心，图片来源：玛莎·施瓦茨及合伙人设计事务所

图 2-20 比利时布鲁塞尔中心大广场附近街道，作者拍摄

图 2-21 中国武汉汉街，作者拍摄

图 2-22 中国海口骑楼老街，作者拍摄　　　　图 2-23 中国海口骑楼老街，作者拍摄

图 2-24 中国海口骑楼老街，作者拍摄　　图 2-25 英国伦敦中国城，作者拍摄

其中，街道与建筑的关系因建筑自身功能和所处城市区域特征等不同而呈现不同的形式——建筑可以紧临街道（图 2-26）；此外，也可以利用建筑要素，建筑与街道之间形成公共空间，如巴黎某建筑与街道相接部分有台阶抬升的过渡设计（图 2-27）；建筑与街道之间也可能形成下沉空间（图 2-28）。

图 2-26 荷兰阿姆斯特丹某街道，作者拍摄

图 2-27 法国巴黎某建筑与街道相接部分，作者拍摄

图 2-28 中国海口下沉空间，作者拍摄

以功能划分,街道构成要素的主体是街道设施与小品,户外广告也是重要的组成部分,很多街道具有绿化。

街道绿化——种植池(图2-29、图2-30)、树池(图2-31)、微地形、草坪、灌丛、花架(包括悬挂的花钵)等。经过设计的绿化有时也可以称为小品。

图2-29 中国天津滨江道步行街种植池,作者拍摄

图 2-30 美国鲍威尔大街种植池，图片来源：Hood Design 公司

图2-31 丹麦瓦埃勒福尔德街树池，图片来源：Landskap Design 公司

街道设施与小品——自行车架、行人安全岛护柱（图2-32）、停车点、公交车站（图2-33）、地铁换乘站、信号灯（图2-34）、指路牌（图2-35）、门牌（图2-36）、牌坊（图2-37）、路面提示（图2-38）、垃圾箱（图2-39）、路灯（图2-40）、监控摄像头（图2-41）、座椅（图2-42）、桌、灭火器（图2-43）、报刊亭（图2-44）、报纸架、铺装、体育设施、儿童游乐设施（图2-45）、饮水台、水池（景）（图2-46）、栏杆和围墙（图2-47）、景墙（图2-48）、雕塑小品（图2-49）、警务岗亭（图2-50）等。

图 2-32 挪威卑尔根市斯韦勒广场行人安全岛护柱，图片来源：Landskap Design 公司

图 2-33 美国波特兰购物中心公交车站，图片来源：ZGF Architects LLP 设计事务所

图 2-34 美国波特兰购物中心信号灯，图片来源：ZGF Architects LLP 设计事务所

图 2-35 日本奈良公园附近指路牌，作者拍摄

图 2-36 中国广州沙面大街门牌，作者拍摄

图 2-37 中国武汉户部巷牌坊，作者拍摄

图 2-38 日本东京表参道附近街道路面提示，作者拍摄

图 2-39 中国广州沙面大街垃圾箱，作者拍摄

图 2-40 奥地利因斯布鲁克某街路灯，图片来源：AllesWirdGut Architektur ZT GmbH 公司

图 2-41 美国波特兰购物中心监控摄像头，图片来源：ZGF Architects LLP 设计事务所

图 2-42 美国波特兰购物中心座椅，图片来源：ZGF Architects LLP 设计事务所

图 2-43 中国天津大学校园内灭火器，作者拍摄

图 2-44 中国天津滨江道步行街报刊亭，作者拍摄

图 2-45 日本东京街道儿童游乐设施，作者拍摄

图 2-46 美国威斯康星州绿湾水池（景），图片来源：StossLU 公司

图 2-47 法国旺德尔港栏杆或围墙，图片来源：Michèle & Miquel Architects 设计事务所

图 2-48 挪威卑尔根市公共港口景墙，图片来源：Landskap Design 公司

图 2-49 挪威卑尔根市公共港口雕塑小品，图片来源：Landskap Design 公司

图 2-50 中国天津滨江道步行街警务岗亭，作者拍摄

街道广告——广告牌、商店招牌、霓虹灯、灯箱或灯笼（图2-51）、橱窗、标识牌、电子显示牌（屏）、公告栏、宣传栏、指示牌、实物造型、门面匾额、标语、条幅等独立或附属式广告等。

图2-51 日本街头灯笼广告，作者拍摄

图 2-52 日本东京表参道地上杆线，作者拍摄

在街道中，还有很多易被忽略的要素，如市政管网在街道中体现的部分，又如残疾人设施。根据我国2012年颁布实施的《城市道路工程设计规范》（CJJ 37—2012），街道上可见的市政管网要素主要包括：管线方面的地上杆线（图2-52）、井盖（图2-53）等；排水方面——路缘边沟（图2-54）、雨水口（图2-55）、截水沟（图2-56）等；照明方面的灯杆、灯具（图2-57）等；交通管理方面——交通信号机、视频监视器、交通信息诱导装置、交通信息检测器等。各种地下管线的埋设深度应满足道路施工荷载与

图2-53 中国天津大学附近井盖，作者拍摄　图2-54 中国天津大学北洋园校区，作者拍摄

图2-55 中国天津大学北洋园校区雨水口，作者拍摄　图2-56 中国天津大学北洋园校区截水沟，作者拍摄

图 2-57 中国广州上下九步行街照明灯杆、灯具，作者拍摄

路面行车荷载的要求，可以参考《城市给水工程规划规范》（GB 50282—98）、《室外给水设计规范》（GBJ 13—86）、《城市排水工程规划规范》（GB 50318—2000）、《室外排水设计规范》（GBJ 14—87）等规范。

残疾人设施（图 2–58、图 2–59）在街道设计中日益受到关注。街道不仅应满足正常人的需求，也应考虑残疾人的需求。街道中残疾人设施的设计和设置，可以参考住房和城乡建设部 2012 年实施的《无障碍设计规范》（GB 50763—2012），目前多为针对肢残和视觉障碍的残疾人设置（表 2–1）。当然，上述要素的划分仅是物质空间层面的，而在严格意义上，某些类型的活动可以成为街道要素，如巴塞罗那兰布拉斯大街上的街头表演、罗马纳沃纳广场上的艺术家和小商贩的活动等。

图 2-58 日本东京表参道残疾人设施，作者拍摄

图 2-59 美国俄勒冈州波特兰购物中心残疾人设施，图片来源：ZGF Architects LLP 设计事务所

表 2-1 无障碍设施及其设计要点（作者整理并绘制）

无障碍设施	设计要点
盲道	纹路凸出路面的高度；连续铺设，避开障碍物，其他设施不得占用盲道；盲道型材表面应防滑；色彩宜与相邻人行道铺面形成对比等
无障碍出入口	出入口地面应平整、防滑；排水；无障碍出入口上方应设置雨棚；注意门完全开启时所需净深及门框间距是否便于轮椅通行等
轮椅坡道	轮椅坡道宜设计成直线形、直角形或折返形；坡道的净宽度；坡道高度与坡度；坡道扶手；轮椅回转空间等
无障碍通道	无障碍通道宽度；排水；地面平整、防滑、反光小或无反光等
无障碍楼梯、台阶	宜采用直线形楼梯；踏步宽度和高度；两侧均设扶手；踏步起点和终点设提示盲道；不应采用无踢面和直角形突缘的踏步等
无障碍电梯、升降平台	无障碍电梯的候梯厅设计要求；无障碍电梯轿厢的设计要求；无障碍升降平台的设计要求等
盲人指示牌	盲文牌材质；扶手；立柱等

2. 街道的比例和尺度

根据笔者观察，当 $D/H > 1$[①] 时，随着比值的增大会逐渐产生远离之感，超过 2 时则产生宽阔之感；当 $D/H < 1$ 时，随着比值的减小会产生接近之感（图 2-60）；当 $D/H=1$ 时，高度与宽度之间存在着一种匀称之感，显然 $D/H=1$ 是空间性质的一个转折点。$D/H=1$、2、3 等数值可考虑在实际设计时应用（第 46 页）。

在步行街模式中（模式 100），最适合的步行街是宽度不超过周围建筑高度的街道（《建筑模式语言》，第 1039 页）。当街道为 6~9 米（20~30 英尺）宽而且两侧都是三至四层建筑物的时候，它就"给人以街景的完整性和围合性的感觉……"[②]（图 2-61）。

《埃塞克斯设计指南》[③] 指出，当高宽之比为 1∶1 时，街道不够紧密，难以形成舒适感，但当街道宽度与建筑高度之比为 1∶2.5 时，其开放程度仍然是能够被人接受的。狭窄的街道也有利于购物：盯着街对面的橱窗，从这边走到那边，这是完全没有障碍的，实际上，这是由运动的自然形式而导致的（《街道与广场》，第 151 页）（图 2-62、图 2-63）。

---

① D/H 表示街道宽度与建筑高度之比。——作者注
② Unwin,Raymond.*Town Planning in Practice*,［M］London:T.Fisher Unwin,1909:245.
③《埃塞克斯设计指南》即《英国埃塞克斯郡规划设计导则》。

图 2-60 比利时布鲁塞尔某街道，作者拍摄　　　图 2-61 意大利威尼斯某街道，作者拍摄

图 2-62、图 2-63 美国鲍威尔大街人行道，图片来源：Hood Design 公司

19 世纪后半叶的奥地利建筑师和城市规划师卡米罗·西特在《城市建设艺术》一书中对广场宽度与周围建筑高度的比例关系进行了研究。他曾说："根据经验，广场大小与建筑物大小的关系，可大致如此确定：广场最小应与支配广场的建筑物高度相同，若从建筑整体的形状、目的和细部构成来看均无此可能，那么广场最大不超过建筑高度的两倍。"设建筑高度为 H，广场宽度为 D，那么 $1 \leqslant D/H \leqslant 2$。这是探讨 D/H 比较早的著作。芦原义信对意大利城市空间的 D/H 进行了分析：围有城墙的意大利中世纪城市，因空间被限定，街道狭窄，$D/H \approx 0.5$；文艺复兴时期的街道较宽，达·芬奇认为高与宽相等，即 $D/H=1$ 较为理想；巴洛克时期与中世纪的比例颠倒，道路宽度为建筑物高度的两倍，亦即 $D/H=2$（第 207 页至第 208 页）（图 2-64、图 2-65）。

图 2-64 瑞典北雪平工业遗址景观，图片来源：Sweco Architects AB 设计事务所

图 2-65 瑞典北雪平工业遗址景观，图片来源：Sweco Architects AB 设计事务所

可以看出，"比例"在城市外部空间营造中起到了至关重要的作用。很多专家学者均对城市公共空间的比例进行了探讨，并给出了有关街道与广场的尺度建议（表2-2）。

表 2-2　街道与广场的尺度建议（作者自绘）

专家学者	街道与广场的尺度建议
芦原义信	街道宽高比为 $1 \leqslant D/H \leqslant 2$ 外部空间变化模数为 20~25 米
凯文·林奇	街道与广场基面尺寸为 25 米
卡米罗·西特	广场基面尺寸 15~21 米，$1 \leqslant D/H \leqslant 2$
吉伯德	街道尺度为 25 米，$1 \leqslant D/H \leqslant 2$
阿兰·雅各布斯	街道宽高比为 $1 \leqslant D/H \leqslant 2$
帕拉迪奥	广场宽高比为 $2/5 \leqslant D/H \leqslant 4/7$
格哈德·库德斯	小型广场宽高比为 $1 \leqslant D/H \leqslant 1.5$ 中型广场宽高比为 $3 \leqslant D/H \leqslant 4$
梅尔滕斯	街道宽高比为 $1 \leqslant D/H \leqslant 4$
克里夫·芒福汀	$1 \leqslant D/H \leqslant 6$
阿尔伯蒂	广场宽高比为 $1 \leqslant D/H \leqslant 6$

作为城市街道系统的重要节点，广场的比例和尺度是较早、较多被探讨的。其中包括理论家保罗·朱克和西特两位（《街道与广场》，第 109 页）。西特发现，古代城市中最大广场的平均尺寸是 57 米 ×143 米（190 英尺 ×470 英尺）；很多城镇和城市古老部分中令人愉快亲密的广场，也许小到 15~21 米（50~70 英尺）。拥有如此宽度的广场，现在仅仅可以作为居住区的一条保留道路（《街道与广场》，第 111 页）。根据西特的论断，近人尺度的广场正是街道不可分割的一部分。

当道路宽约 6.5 米、平均檐高 5 米时，这一"外面"空间的 D/H=1.3（D 为道路宽度，H 为周围建筑的高度），的确是亲切的适于人的尺度。"外面"空间若不拐弯，长度约 90 米，其路上发生的一切事情均可看到（第 40 页）。这是芦原义信对于另一向度空间的阐述，有部分摘自岛林昇与铃鹿幸雄合著的《京都的町家》，虽然结论较为简单，但将街道尺度和比例与视线可达性之间的关系做了初步探讨。

不同 D/H 的街道，拥有不同的空间感受（图 2-66 至图 2-68）。

图 2-66 荷兰阿姆斯特丹某街道，作者拍摄

图 2-67 荷兰阿姆斯特丹某街道，作者拍摄

图 2-68 荷兰阿姆斯特丹某街道，作者拍摄

《交往与空间》一书较为隐晦地提及了尺度对于外部空间活动的影响：在多层建筑中，只有最低的几层才有可能与地面上的活动产生有意义的接触，在三层和四层之间与地面接触的可能性显著降低，另一条临界线在五层与六层之间，五层以上任何人和事物都不可能与地面的活动产生联系。

芦原义信的"十分之一理论"则明确了尺度的重要性，也给出了更为具体的解答——外部空间可以采用内部空间尺寸 8~10 倍的尺度，称之为"十分之一理论"（One-tenth Theory）。如果在外部也要谋求这样的亲密空间，适用上面所述的第一假说，将尺寸加大至 8~10 倍，即得每边为 2.7×（8~10）=21.6~27 米的外部空间。这是正好包含着可以互相看清脸部距离（21~24 米）的广度（《外部空间设计》，第 31 页）。

前文所描述的城市边角空间、微空间等部分参考了芦原义信的"外部模数理论"，即 20~25 米的模数。关于外部空间，实际行走中可以发现，每 20~25 米，或是有重复的节奏感，或是材质有变化，或是地面高差有变化，那么，即使在大空间里也可以打破其单调，有时会一下子生动起来（《外部空间设计》，第 33 页）（图 2-69）。若单调的墙面延续很长，街道就难以形成具有吸引力的空间。可每 20~25 米布置一个退后的小庭园，或是改变成橱窗状态，或是从墙面上做出突出物，用各种办法为外部空间带来节奏感（《外部空间设计》，第 35 页）。日本浅草寺前的商店街宽约 25 米，并列着一大排商店，在长约 300 米的道路尽端配置有观音堂，因此街道生气勃勃（《外部空间设计》，第 45 页）。

图 2-69 中国海口某街道，作者拍摄

人作为步行者活动时，一般心情愉快的步行距离为 300 米，超过它时，根据天气情况而希望乘坐交通工具的距离为 500 米，再超过它时，一般可以说就超过建筑的尺度了。大体上，作为人的领域而得体的规模，可考虑为 500 米见方。总之，能看清人存在的最大距离为 1200 米，不管什么样的空间，只要超过 1600 米（1 英里）时，作为城市景观来说，可以说是过大了（《外部空间设计》，第 48 页至第 54 页）。在张择端的《清明上河图》中，东京汴梁街道的狭窄带来了居民间接触的机会，使街道成为市民公共性活动的场所，而且不再把商店单独设在固定区域，而是沿街布置，大大增加了商业机会。在唐代，因为长安城尺度宽大，便于皇帝出行的宫前大街宽 450 米，中轴线朱雀门大街宽 155 米，其他主要街道宽度在 59 米到 134 米之间，街道两侧的店铺往来并不方便。在欧洲，从 16 世纪开始，马车和其他轮式车辆在欧洲城市得到普遍应用，需要城市提供笔直、便捷而宽阔的道路，当时的人们更愿意体会便捷交通所带来的愉悦感，这也引发了社会不同阶级在城市空间中的分离。值得注意的是，不同的时代，由于技术手段、交通条件、人的行为方式不同，人们对街道的感知和使用方式有所差异。因此，不能抛开时代特征和生活习惯探讨街道比例和尺度的问题。

当然，比例和尺度并不是街道空间体验的全部，比如西方的街道与东方的街道之中的空间氛围差别明显，即便是尺度较小的威尼斯水街也与京都的花见小路迥异。花见小路是京都四条大街通往建仁寺的一条小路，南北横贯祇园地区。这里，偶尔可以瞥见京都艺伎的花街柳巷，江户时代开启的祇园风月尽显；在此，赏花，赏月，亦赏人（图2-70）。

图2-70 日本京都花见小路，图片来源：http://image.baidu.com/search/

3. 街道与建筑的关系

江南的粉墙黛瓦、上海的里弄、北京的胡同、成都的老坝院……中国的社区中处处展现着建筑与外部空间的关系。在技术、文化、生活均面临全球化的今天，资本与权利无所不在地在空间中呈现出来，而追本溯源，"人"的需求一直都是城市建设和发展的核心。对于意大利人而言，街道承载了生活，不只是为了交通，还是作为社区而存在的。博洛尼亚的柱廊（带柱的门廊）在气候上是有用的，但在生活习惯上则更加重要。人们可以散步，与朋友不期而遇，街道承载了人的行为活动（第 29 页）（图 2-71、图 2-72）。

如前文所述，理想的街道空间形式是与建筑实体形成互动的咬合关系。为此，在街道两侧排列建筑物以形成轮廓，并使建筑物展现沿街立面是十分必要的。如果建筑物是孤立的或是纪念性的，建筑自然即成为主体，街道则成为联系其间空间的"背景"（第 45 页）。

因此意大利人不但建造了街道，还把城市空地建造为人们会面的场所——广场（第 30 页）。建筑在其中扮演了重要的角色；英国人则建造了人们不会面的休息场所——公园（第 30 页），其实是街头绿地的概念，每个小型公园被周边建筑围合，形成了相对独立的休闲空间，甚至可以作为大型庭院空间。庭院、街头公园或广场创造了不同的空间模式，不同的空间模式源自不同的行为模式。因此，街道作为一个体系，正因为这些重

图 2-71 意大利佛罗伦萨柱廊，作者拍摄

2-72 意大利威尼斯某广场，作者拍摄

要的组成部分而具有承载多样城市活动的可能性。街道的重要程度与生活
习惯直接相关。

街道作为传统城市空间类型，具有不同的命名方式。芦原义信将日本的重
要城市分为两类，一种是古老的城市，根据规划称呼，有美好的街道名
称，如京都；另一种是新城市，采用按方位和番号加以组合的纽约方式，
如札幌（第 31 页）。中国街道的命名与日本有相似之处。一种是新建城
市和城区，多采用"城市 + 路"的命名方式，如"南京路""北京路"，
或以节日命名，如"五一路""八一路"，此种命名方式多针对道路（主
要是对道路的命名，含人行道）；另一种是历史悠久的古城，街道多延续
民间的旧称，充满久远的回忆（图 2-73），典型的城市如老北京城。北
京城以饮食起居、生活日常命名的街道如菜市口、茶叶胡同、方巾巷、细
瓦厂、骡马市等；以寺庙作为街道名称的如护国寺街、隆福寺街、延寿寺
街等。由民间生活演变而来的街道名称是当地人们对街道记忆趣味性与生
活性的保存。从命名方式看，依照中国的传统习惯，街道与建筑的关系无
疑更加紧密，现代城市因为给道路命名而与建筑及其场域剥离。当今的趋
势是把人往公园赶、往购物商场里赶，不要在街道上停留，于是街道变得
凋敝、乏味、单调。如何改变这一现状？简·雅各布斯给出了答案：每个
人都需要使用街道并产生信赖感和亲切感，街道上有方便且有用的内容吸
引我们，只有相信街道是我们的，它才不会死。

图 2-73 中国海口骑楼老街中山路，作者拍摄

这里把决定建筑本来外观的形态称为建筑的"第一次轮廓线",把建筑外墙的凸出物和临时附加物所构成的形态称为建筑的"第二次轮廓线"。西欧城市的街道是由建筑本来的"第一次轮廓线"所决定,相对而言,韩国、日本等亚洲国家和地区的街道则多由"第二次轮廓线"所决定(第72页)。街道因为具有节点空间而产生了多样的视角,街道的建筑界面除了需要考察每一个段落多样统一的关系,还应考虑整体的轮廓线。

4. 街道容纳的行为及活动类型

街道是承载城市生活的主要载体,芦原义信也阐述了相同的观点——街道空间渗透了生活的一部分(第46页)。其中也包括晾晒衣物、节事活动(图2-74)、日常活动(图2-75至图2-82)等。很多学者用"场(Place)"描述街道的体验,如芦原义信为了给直线形商业街带来节奏和序列,安排了四个节点:交流的场、举行欢乐活动的场、安静的场和高雅气氛交流的场(第253页)。另外,一个达成共识的观点是人的行为是外部空间组织的核心驱动力,最具代表性的是扬·盖尔在《交往与空间》中根据人群行为发生的动机划分出必要性活动、自发性活动和社会性活动。行为及活动类型的承载并非简单的学术问题,而是集体认同感的问题,是生于斯、长于斯的民众心理感知的问题。如在中国丽江的四方街上,清晨的第一缕阳光、湿漉漉的五花石地板、回荡的纳西古乐、世界各地的游客,哪怕只是慵懒地晒晒太阳,都能带给人无限的情致(图2-83)。

图 2-74 荷兰杜斯堡市埃塞尔河码头和浮桥上人们的节事活动，图片来源：OKRA landschapsarchitecten 公司

图 2-75、图 2-76、图 2-77、图 2-78、图 2-79、图 2-80、图 2-81、图 2-82 美国鲍威尔大街上人们的日常活动，图片来源：Hood Design 公司

图2-83 中国丽江四方街，图片来源：http://image.baidu.com/search/

芦原义信在《续街道的美学》中以德国南方住宅街道中家家户户窗台
上的花卉为例，说明欧洲人将住宅的外部形象作为身份认同的表现，
而并非供自己欣赏。各国街道呈现出来的形式特征和空间状态是不同

文化、不同习俗的真实写照。街道中的人群行为有时更加直接地展现了当地风俗，例如泰国清迈的"周日夜市"，每天早八点、晚六点播放的泰国国歌让整条街道都凝滞了，大家静默站立；再如焚火的行为，可能为纪念逝者，也可能仅仅为烧锅炉或者烹饪食物。当然，街道承载的一般意义的行为比比皆是，如北京 798 外街道上进行小商品交易活动（图 2-84），再如奥地利因斯布鲁克街道上的艺人表演（图 2-85）。

图 2-84 中国北京 798 外街道上人们的商品交易活动，作者拍摄

图 2-85 奥地利因斯布鲁克街道上的艺人表演，作者拍摄

谈到行为，不得不涉及街道的安全性、私密性等属性。芦原义信曾提到街道监视者（Street Watcher）存在的重要性，可以监控活动中的孩子们，也可以对异常行为进行监视。街道是进行日常活动、扫除、植树、洒水，作为培养孩子们参加节日等活动的社会教育场所（第 40 页至第 41 页）。往日的街头巷尾曾是孩子的游戏空间，在城市化快速推进的时代，公共活动空间却在大范围萎缩（图 2-86）。在重塑街区活力的过程中，儿童活动空间必将是其中一项重要内容。

图2-86 街头嬉戏的孩子们，作者拍摄

就人的行为习惯而言：外部空间设计需要关注公共性与私密性，如某些活动需要空间具有公共属性，以吸引大量人流参与；某些活动需要遮蔽物，以阻隔视线干扰；某些活动需要关注空间原型与空间组合关系，如人总喜欢选择某个空间的边界、有所依托的环境；某些活动需要关注空间中的要素及其带来的社会性联系，即所谓的场所感、活动、事件等。同时，某些活动也需要考虑在城市公共空间中的重要而有趣的行为——人看人，被观察的行为种类多样，包括一般的交往活动、游戏、行走等。观察活动（图2-87）体现了人捕获信息、了解他人的好奇心。

图 2-87 西班牙比纳罗斯滨海道上的人们，图片来源：Guallart Architects 设计事务所

就活动类型而言，街道承载了散步、聊天（图 2-88）、聚集（图 2-89）、运动（图 2-90）、交易（图 2-91）等活动类型。城市之所以存在，在很大程度上是因为社交，而街道即便不能说是唯一的，也会是非常主要的社交场所（《伟大的街道》，第 3 页）。一条伟大的街道必须有助于邻里关系的形成：它应该能够促进人们的交谊与互动，共同实现那些他们不能独自实现的目标（《伟大的街道》，第 7 页）。在邻里关系冷漠的今天，街道空间的改造和精准化设计十分必要。经典的案例非里约

图 2-88 美国俄亥俄州克利夫兰市欧几里得大街，人们在散步、聊天，图片来源：SASAKI 设计事务所

图 2-89 荷兰莱顿街头，人们在集会，作者拍摄

图 2-90 美国俄亥俄州克利夫兰市欧几里得大街，人们在运动，图片来源：
SASAKI 设计事务所

图 2-91 天津滨江道步行街，人们在进行商品交易，作者拍摄

热内卢的桑巴大道莫属，巴西人的精神支柱——狂欢节、足球和宗教都汇
聚于此，长约 1 千米的狂欢节大道上，无论节日巡游还是欢庆盛典，她的
美总是由笑脸、拥抱热舞构成，在这里人看人成为最重要的活动类型（图
2-92）；西班牙潘普洛纳数以万计的民众在街道上参加奔牛节，有为了让
世界变得更美好的街头游行，也有王室成员的婚礼；宗教作为一种街道活
动的特殊类型，在西方国家普遍存在，如马耳他首都瓦莱塔的街道，每逢
复活节都有成群的教友抬着圣母像巡游。

图 2-92 巴西里约热内卢桑巴大道上的街头热舞，图片来源：http://image.baidu.com/
search/

三、街道空间体系

1. 街道与城市结构的关系

《街道的美学》并没有从技术层面描述街道与城市结构的关系，但表达了街道作为衔接城市道路和建筑的媒介所具有的意义。根据日本的现行法规，除小区规划中允许者外，建筑用地以直接面向道路为原则。因此，用地连接道路的数米宽的地面，用什么空间观念有魅力地加以处理，和街道的构成及风格有着密切关系（第32页）。街道以线性空间为主要特征，其形态主要受到城市道路系统的影响，包括直线（图3-1）、折线（图3-2）、环形（图3-3）、不规则曲线（图3-4）等几种类型。

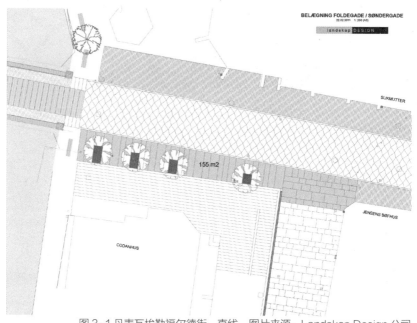

图3-1 丹麦瓦埃勒福尔德街，直线，图片来源：Landskap Design公司

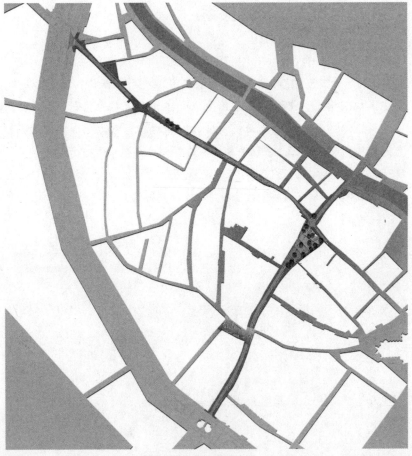

图 3-2 比利时梅赫伦市科伦市场博物馆轴线，图片来源：OKRA landschapsarchitecten 公司

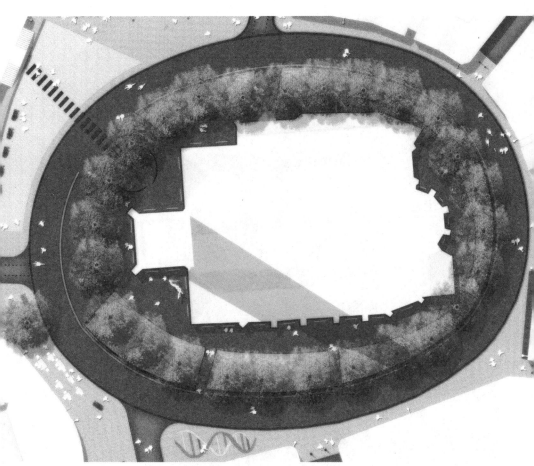

图 3-3 荷兰弗拉尔丁恩市场，环形，图片来源：Stijlgroep Landscape 公司

图 3-4 美国俄勒冈州波特兰购物中心，不规则曲线，图片来源：ZGF
Architects LLP 设计事务所

以经典的方格网状城市街道网络为例，建筑师希波丹姆斯是将其理论化和系统化的第一人。这一规划思想影响深远，美国就是典型的例子。纽约市密集的方格网平面布局是 1811 年提出来的，曼哈顿被南北向 12 条 30 米宽的林荫大道和东西向 155 条 18.3 米宽的街道网络覆盖。哲学家索尔兹伯把城市比作人的机体，街道无疑是血管，更类似静脉。

凯文·林奇在《城市形态》中提出了一种城市肌理典范的形式——"交互的网络"，它的基本模式是：主干道形成一个开阔、不规则的网格状系统，在空隙内留有大量宽阔的空间。主干道的街面被相对较密且连续的土地使用占据着。和主干道垂直，用一半的间距形成类似的格状系统，但仅限于采用步行、自行车、骑马、小船和其他速度慢、较落伍的交通方式的旅客使用。这个街面用来作为休闲使用，也用来满足使用这些休闲道路的特殊人们的需要。这两个格状系统，为了能够符合地形及其历史条件而可能在细部不规整，但从整体来看，是完整规矩的格状系统（《城市形态》，第 201 页）（图 3-5、图 3-6）。

当然，街道与城市的关系，涉及技术以外的诸多问题。例如，纽约的时报广场，当人们谈起"什么是纽约"时会不约而同地想起它。查理·卓别林在此成名，《蜘蛛侠》等众多知名影片以此为背景，时报广场的极致繁华与喧闹使其成为"世界的十字路口"，令人无法忘怀的还有那张名为"胜利之吻"的摄影作品（图 3-7）。威尼斯水街同样是城市结构的基本构成要素，纵横交错的水道勾勒出世界上最不同寻常的街区图，正如阿兰·雅各布斯所描述的，重要的建筑及外部空间节点因水街得以联结。位于罗马中心城区的科尔索大道是另一个经典案例，其与里佩塔路、巴别诺路、波波洛广场

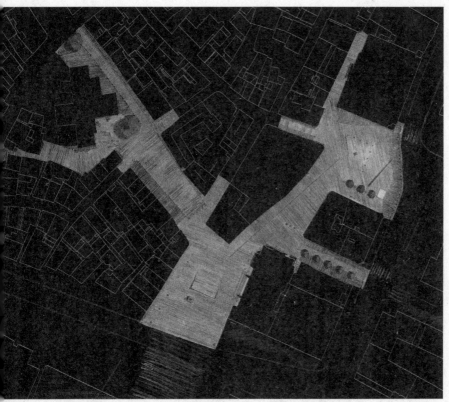

图 3-5 挪威卑尔根市公共港口，图片来源：Landskap Design 公司

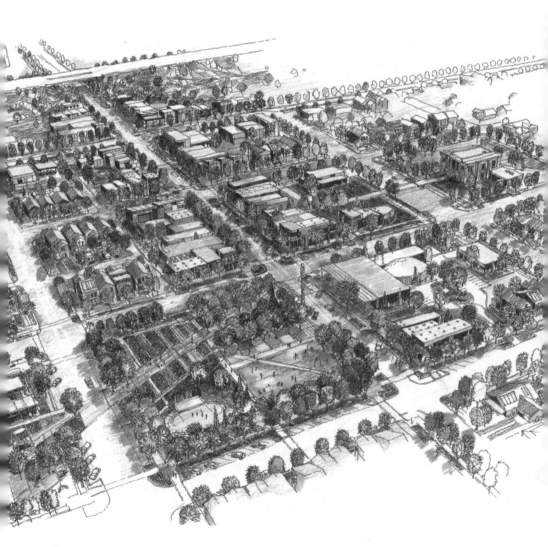

图 3-6 美国堪萨斯州格林斯堡主街，图片来源：BNIM 公司

和威尼斯广场一并构成了整个城市的格局，此处也经常举行节庆活动。歌德在《意大利游记》中感叹："家家户户从窗户里挂出缤纷的长毯，无数人在狭而长的大街上来回滚动旋转……"

图 3-7 美国纽约时报广场，图片来源：http://image.baidu.com/search/

2. 空间原型与空间组合

在古埃及的象形文字中，"城市"一词是在圆形或椭圆形的中心画一个十字形成的。圆形代表墙，十字形代表街道布局，十字形街道把城市分成四个均等的部分，这是埃及最早的城市结构。街道是随着城市的发展而形成的（也有少数沿街道形成城市的案例），但一般说来，没有街道无法形成真正的城市。从原型层面上理解街道不无裨益：奥斯曼于 1851 年开始的巴黎改造计划使中世纪不规则的街道变成一览无余的通衢，那些弯曲且有着许多隐秘藏身之所的街道，成为发起巴黎公社运动的自由市民最后的堡垒，但在街道改造计划之后，这种空间可能性已然消失。我们可以看到空间自身的力量，也能看到空间原型与活动之间的关联。

凯文·林奇在所著的《总体设计》一书中指出："空间主要是由垂直的面限定的，但唯一的连续的面却在脚下。"在街道的空间探讨中，垂直界面一直是核心要素，但凯文·林奇着意强调了底界面的重要性，因为空间营造要借助景观构筑物、景观小品、植物等要素，其载体均为街道的底界面。针对不同的行为类型，关于空间原型的探讨颇具意义，对不同类型的空间和特定行为的设计探讨，核心内容是人活动的基面——底界面（图 3-8）。

图 3-8 瑞士日内瓦莫拉德广场，图片来源：2b Architectes 设计事务所（建筑师：Stephanie Bender 和 Philippe Béboux）

分析心理学的创始者卡尔·古斯塔夫·荣格（Carl G. Jung，1875–1961 年）
提出，"原型"是事物深层的结构形式。在街道的设计中，空间原型的研
究主要解决两个问题：① 特定活动类型所形成的空间范围；② 特定原型
的空间构成要素。空间原型是空间原型意象的内容，而空间原型意象是空
间原型的表现方式。空间原型在概念层面上是没有形态的，人们不能对空
间原型的本身加以认知，然而，人们可以通过对空间原型意象认识空间原
型的存在。原型具有可复制性，因此，在物质空间领域是一种类型化的工
作方法。

3. 图与底系统

图与底的系统最经典的案例要数意大利的城市街道了，内部空间和外部空
间的设计均清晰而明确，将地图黑白反转仍然可以得到很美的地图。

日本古版江户地图，其内容为表示用地与道路关系的用地划分图，而
不是表示建筑与街道的关系。因为建筑物不像意大利那样把用地占满，
道路与建筑之间还有用途不明确的剩余空间，所以多需建围墙，把这
一地图也黑白反转了来看，是没有什么意义的（第 42 页至第 43 页）。
在此方面，中国的外部空间面临与日本相同的局面。

关于城市空间设计的理论，罗杰·特兰西克（Roger Trancik）在《寻找
失落的空间》（*Finding Lost Space*）一书中主要讲述了三种理论：图底

理论、连接理论、场所理论。图底理论是基于建筑体量作为实体及开敞空间作为虚体所形成的比例关系。图底理论是用二维抽象的平面明确表达城市空间的结构与秩序的理论。

人对场景的感知与图形关系密切，将某些对象提取出来就形成了图底关系。图底关系可以满足人的视知觉需要。如果将空间感知为特定的图形，空间则会对人的心理或行为产生较明确的影响；如果无法形成完整的空间形态，则会让人缺少安定感。图与底的关系也直接反映在虚与实的密度上。在18世纪中期，巴黎是个典型的中世纪城市，道路曲折，街道狭窄，房屋稠密，有近50万人口。1859年，由奥斯曼男爵负责的巴黎城市大改造拉开了序幕，其重要作用在于改变了城市绝大多数区域的图底关系。图与底的系统反映了人在内外空间之间穿梭时的体验。

四、街道的美学

1. 街道的色彩与质感

建筑界面是街道色彩和质感的主体，其材料使用对街道的色彩与质感影响较大，芦原义信提出了自己的观点：建筑色彩处理的基本原则是谨慎地使用中间色，尽可能利用材料本身的色彩，若使用彩色，可在小面积部位，如门、桌椅、地毯和照明灯具等活动部分，大的不动的部分不宜使用（第 223 页）。但是，在街道空间中，还有其他诸多要素可影响色彩和质感，需要统一考虑包括景观植物在内的各要素之间的色彩及质感关系，研究公共空间总体的色彩及质感效果，通过视觉景观的相应方法进行分析和评价。

一方面，降雨量、积雪量、风速、日照、地震等外部条件当然是重要的；再一方面，历史上受到温度与湿度，特别是湿度的很大影响，这是从地理分布上可以明确的（第 13 页）。积雪、降水对街道色彩与质感的影响比较显著（图 4-1、图 4-2）。

对于街道的色彩与质感，芦原义信从特殊的视角进行了分析，色彩灰暗的街道能够突出人的存在，色彩鲜艳的街道反而会弱化人的存在。

街道上侧招牌、垂幅、屋顶广告塔以及霓虹灯标志已经泛滥成灾，要是建筑物再饰以亮晶晶的金属材料或花里胡哨的彩色工业制品，那么人们不管穿上多漂亮的衣服，走在街上也不会显眼了。在巴黎的街道上，

图 4-1 挪威卑尔根市公共港口，降雪对街道的影响，图片来源：Landskap Design 公司

图 4-2 日本大阪，降雨对街道的影响，作者拍摄

人行道铺着灰色的石板，建筑物外墙也是用这种灰色石头建造，路灯、公寓栏杆都是用黑色铸铁制造，遮阳百叶、照明灯光和霓虹灯大体上都是白色，整个街道基本上是从白到黑的无色彩系列，其间再点缀以七叶树、悬铃木等行道树的自然色彩（第 222 至第 223 页）。

整体色调的节制反而为街道空间特色的营造创造了机会（图 4-3 至图 4-7）。

图 4-3 荷兰莱顿街景，作者拍摄

图 4-4 荷兰莱顿大学图书馆内街，作者拍摄

图 4-5 荷兰鹿特丹某街道，作者拍摄

图 4-6 荷兰莱顿某街道，作者拍摄

图 4-7 荷兰莱顿某街道，作者拍摄

（《街道与广场》，克利夫，第 152 页）克利夫给出了让人将目光聚焦到街道空间的方法；凯文·林奇则将人的活动与物理空间视为一体：城市中移动的元素，尤其是人类及其活动，与静止的物质元素是同等重要的（《城市意象》，凯文·林奇）。这些都为街道的色彩设计提供了参考。

2. 街道的体验

人对环境的体验可通过三种方式获得，包括视觉感知、空间体验，以及感觉与联想。在视觉感知方面，应体现视廊和视觉层次；在空间体验方面，应提供体验序列；场所的营造可以给人带来美好的联想。行走对于探索场地意义非凡，而其核心价值是将空间与视觉景观相关联，如凯文·林奇的城市地图对街景的知觉和记忆，再如古典园林中多视点变化。

《街道的美学》试图从要素组织来表达街道的视觉感知，例如书中提到*街道上侧招牌、垂幅、屋顶广告塔以及霓虹灯标志已经泛滥成灾……（第222 页）*（图 4–8 至图 4–10）。这提醒我们，街道的视觉体验不仅依赖于空间的格局，空间中的要素往往会左右我们的视觉感受。事实上，在中国，很多城市和地区已经意识到了街道的这一问题并且开始着手应对，发布了一系列条例。如 2006 年颁布的《户外广告登记管理规定》。天津市对户外广告的控制较严格，2007 年起施行的《天津市户外广告设置管理规定》对街道的风貌控制起到了积极的作用。然而，街道中的要素仍需要在相关法律法规的框架下有创意、有特色地发展，从而改变"千街一面"的现状。

图 4-8 日本东京表参道，作者拍摄

图 4-9 美国鲍威尔大街，图片来源：Hood Design 公司

图 4-10 日本某街道，作者拍摄

视觉体验只是一部分，更多的是心理体验。儿时陪伴我们成长的街道会让人印象深刻，甚至超过自己的想象，很多感觉会不期而至，无论身在何处。然而，对于生活在其中的居民和外来人而言，街道的体验截然不同。在米兰·昆德拉的《生命中不能承受之轻》中有这样一段描述："在俄国入侵当晚，每个城镇的人都把街道路牌拔掉了，住宅号牌也不见了。"于是，士兵和军官们迷失在偌大的城市中，街道失去自己的名字，整个城市突然变成了一座忘却的城市。每条街道都有属于自己的"幽灵"，而文学家更善于从逼仄中寻求磅礴。类似作品有美国作家舍伍德·安德森的《小城畸人》、桑德拉·希斯内罗丝的《芒果街上的小屋》和英国作家奈保尔的《米格尔街》。阿根廷作家博尔赫斯晚年逐渐失明，然而他仍喜欢在布宜诺斯艾利斯的街头一遍遍徘徊，当一切都变得模糊的时候，仍然存在一种习惯的力驱使他漫步街头。当世界逐渐远去时，街道仍然保持它的神奇。

3. 街道的积极空间与消极空间

芦原义信把向边界线内侧收敛的空间称为"积极空间"（P空间），把大自然这样没有边界线而向外扩散的空间称为"消极空间"（N空间）……通常，建筑本身被考虑成P空间，其外部则被考虑成N空间（第189页）。积极空间以凹空间居多，人的视线通达，具有领域感，便于人的停留和活动。《外部空间设计》阐述了相同的观点：所谓空间的消极性，是指空间是自然发生的，是无计划性的；所谓的无计划性，从空间论的角度，是从内侧向外增加扩散性；前者具有收敛性，后者具有扩散性（《外部空间设计》，第13页）（图4-11、图4-12）。

美国城市学者简·雅各布斯认为，让孩子自由嬉戏且产生安全感的街道才是好的街道。安全性、空间性、私密性与公共性的平衡是衡量街道品质的重要标准，然而在城市化快速发展的今天，在更高、更强的发展模式下，人的空间被挤压，只有商业化才能让步行空间具有合理性。泛化的空间形态、扁平化的趣味、赤裸裸的形象崇拜形成了街道空间的模式。然而，生活没有标配，体验因人而异。所谓的积极空间可以从物质实体本身定义，但其背后的内涵却值得深思。

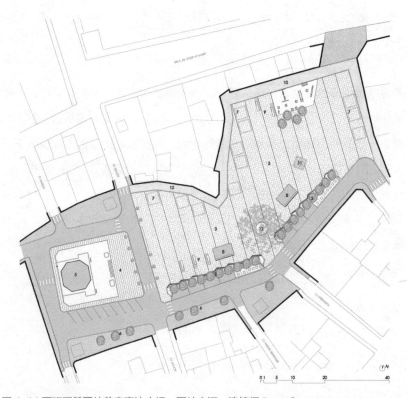

图 4-11 西班牙希罗纳普奇赛达广场，图片来源：建筑师 Pepe Gascón

图 4-12 西班牙希罗纳普奇赛达广场，图片来源：建筑师 Pepe Gascón

五、研究街道课题的理论与方法

街道的概念、构成、空间体系、美学特性本就无法用单一而明确的方式阐述；同时，城市街道与我们一样，面临不确定的未来——全球化、城市化、信息爆炸、商业化、人工智能、虚拟现实……数字化街道风格已然出现。前文提到的地下街道和空中街道也并没有那么非主流。人类经过几万年的发展，由穴居和巢居来到地面，现在又重新进入地下，升入空中。这些因素远比现实手段对于街道的影响深远，下文只是展现了过去直至今日我们对于街道的认知。

1. 格式塔心理学

《街道的美学》提到了格式塔心理学（Gestalt Psychology）中埃德加·鲁宾（Edgar Rubin）的"杯图"（第43页）。"格式塔心理学"从人的完形心理角度阐述了街道美感形成的深层原因。

格式塔心理学是基于视知觉理论的心理学学派，主要研究人对于事物整体性构建的视知觉感知。在视觉组织中，将可识别、有规则且形态简单的一组事物视为一个整体，这样的空间形态是引人注目令人愉悦的物体形式。事物的整体性及形式在大脑神经系统的组织作用下在视觉中形成一个形象的"场"，再通过大脑认知处理最终形成一个最规则和最简单的结构，这种空间图形结构具有一种"完型趋向"的特征。

意大利地图黑白反转，就意味着格式塔心理学中反转"背景"与"图形"的关系。意大利的街道和广场，具有轮廓清晰的"图形"的性格。为此，在街道两侧排列建筑物以形成轮廓，并使建筑物展现沿街立面是十分必要的。如果建筑物是孤立的或是纪念性的，建筑自然即成为主体，街道则成为联系其间空间的"背景"。在意大利街道中，一幢幢地仔细观察建筑物，尽管各不相同，不过经过漫长的岁月而达到了"多样的统一"，可以把街道看成"图形"的构成方式（第 45 页）。

2. 环境行为－心理学

根据美国人类学家霍尔（Edward. T. Hall）在《隐匿的尺度》中提出的人际距离的理论，可将不同的活动类型规划产生不同的距离空间需求：个体活动距离需求（0.45 ～ 1.3 米）表现为亲密关系的交流；团体活动距离需求（1.3 ～ 3.75 米）适用于小规模校园活动的尺度；公众活动距离（3.75 米以上）表现为集会、演讲不自觉心理区分的随意性距离。

心理学家提出的边界效应主要指人从行为上更愿意停留在空间区域的边界，已经应用的物质空间的设计中，如创造临窗而坐、临水而居的空间。边界同样也是良好的观察地点，保证了交往的空间领域，也在一定程度上产生了安全、私密的心理距离。与边界空间相比，半开敞的凹入空间也是公共空间中人们热衷于停留的地方。这样的空间有利于人们积极参与他人的活动，进行看与被看，同时又可以保证其处于相对私密、被保护的空间中，具有安全感和对空间的控制感。行为受到环境的影响，同时可以反作用于环境。

行为场所是美国著名心理学家克特·W.巴克（K. W. Back）提出的。他在观察环境行为时，发现在一些地方总有"持续不变的行为模式"发生。模式与特定环境和时间范围关系密切。由此，我们可以得到空间设计的依据。没有系统考察行为模式的空间设计有可能引发效率低下、冲突频发、对活动产生限制等问题。

3. 城市类型学、城市形态学

类型学在建筑领域的运用之一是罗西所发展的建筑类型学，另一个是城市形态研究方向的城市形态学。在本质上，它们都是运用类型学的研究方法，只是研究对象不同。城市形态学主要研究城市的形态、形式、街道、邻里结构、空间、组织构成等。

类型形态学（Typo-morphology）是类型学（Typology）和形态学（Morphology）的合称，其根据建筑和城市空间的细致分类描述城市形态。类型形态学将各种城市视野层级纳入研究范围，从建筑内部到单体建筑，再到地块、街区和街道，最后延伸至城市和区域。类型形态学认为，城市的物质形态是可阅读和可分析的，并且是不断变化的，对于分析街道的构成关系和组织原则具有指导作用。

4. 街道物理环境分析

物理环境设计多用于建筑领域，对声、光、热等条件进行分析，旨在解决建筑内部舒适度的问题。近年来，城市范围的物理环境问题越来越多地被讨论，如何综合解决声、光、热环境品质的矛盾是重要的研究内容。芦原义信在《街道的美学》中也曾提到物理环境的问题：（瓜迪克斯的）窑洞住宅可以说是冷气设备出现以前人类智慧的创造，然而，在日本这样高温多湿的气候条件下是无论如何不会想到的。日本的住宅只是考虑由室内通风来解决高温多湿问题（第 21 页）。早在古罗马时代，外部空间的物理环境问题已经受到关注，维特鲁威在《建筑十书》中专门讨论了利用住宅与街道的布置避免有害气流的方法，提供了街道朝向设计的经验。物理环境分析的基础是微气候条件分析，扬·盖尔在《人性化的城市》中将城市区域划分为三种气候尺度，微观尺度关注建筑物、树、道路、街道、庭院、花园等独立景观设计元素对气候影响（水平延伸距离小于 100 米）。城市空间的物理环境分析与设计需要理清微气候条件，包括空气温度、湿度、风、太阳辐射强度、降水、遮阳等状况，与区域气候条件结合，进行防热与节能设计、光环境设计（自然采光、人工光的计算与设计）、声环境及降噪设计（图 5-1）。

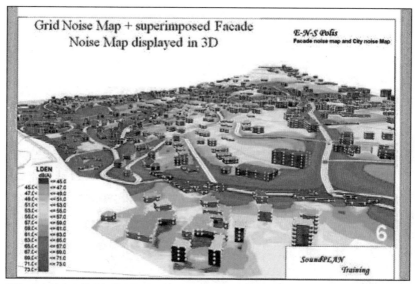

图5-1 室外声环境分析图，图片来源：http://www.gbwindows.cn/news/201308/1561.html/

5. 其他方法与技术

计算机视觉技术与数控技术

计算机视觉技术是让机器代替人来看，进行识别、跟踪，并进行图像处理的技术。主要应用在制造业、检验、文档分析、医疗诊断等领域。在城市中，代替人眼"看"的设备是摄像头，比如，安全监控、交通违章查询等。在城市中，每天有大量数据被采集出来，如果将其用于城市公共空间的规划设计，则会使城市外部空间设计更加精准。人群行为分析技术以计算机视觉技术为基础，主要包括视频采集与处理、轨迹识别和行为分析三个部分：

视频处理是对多个摄像头的视频数据建立摄像头传感器网络，选择合适的采样速率，选取视频帧，根据视频的实际内容将整个视频场景划分多个不同的区域，保证采集数据的完整性；轨迹识别可以判定人在空间中的分布和使用频率；行为分析可以将人的活动范围和具体的行为活动对应起来，进而指导空间要素的组织（图 5-2 至图 5-4）。

图 5-2 计算机视觉轨迹分析，作者自绘

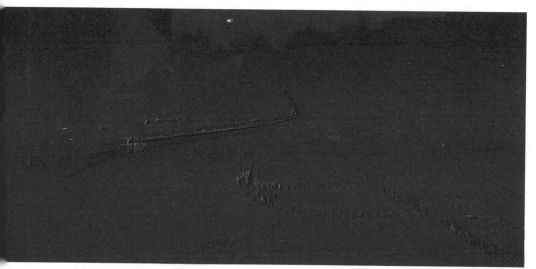

图 5-3 计算机视觉轨迹分析，作者自绘

5-4 计算机视觉轨迹分析工作流程图，作者自绘

数控技术是用电脑程序控制机器的工作方法。数控技术与设计结合如今已经屡见不鲜。在荷兰乌得勒支中心大教堂广场改造项目中，LED 灯光与特殊角度固定式灯嘴一起使用，在四个街道布局的灯光可以通过中心设施和电脑控制。在特殊天气，灯光还能改变颜色，如在天主教徒假日时变为黄色，在女王生日时，变为橙色（图 5-5 至图 5-7）。

虚拟现实技术与智慧城市

虚拟现实技术是一种可以创建和体验虚拟世界的计算机仿真系统。其价值不仅在于模拟现实环境，更在于交互式的体验。虚拟现实技术需要靠数据支撑，在大数据背景下产生了运用信息技术进行管理和运行的"智慧城市"——利用虚拟现实技术来模拟公众如何使用街道是一种越来越受重视的技术。例如，采用虚拟技术的互动城市网站，网站上提供关于街道设计手册的图片、相关的示范项目和教育材料，并与社交媒体相连（图 5-8）。

视觉景观分析、评价

街道景观的视觉景观分析是客观的，视觉景观评价是主观的。分析阶段包括天际线分析、景观主导面分析、景观视廊分析、景观序列分析、景观形式分析、视域分析。评价阶段主要包括景观质量评价、景观特征评价及景观敏感度评价：运用美景度评价（SBE）法对边界区域视觉景观质量进行评价，将评价结果进行排序；采用语义差异（SD）法对典型样本景观特征进行评价；结合 SPSS 统计分析软件对景观质量、景观特征进行相关分析、回归分析，建立质量评价模型，确定景观要素及特征对景观质量的影响；利用 ArcGIS 分别对研究区域的相对坡度、相对距离、视觉概率、景点间互视性和醒目程度进行景观敏感度评价。

图 5-5 荷兰乌得勒支中心大教堂广场，图片来源: OKRA
landschapsarchitecten 公司

图 5-6 荷兰乌得勒支中心大教堂广场，图片来源：OKRA landschapsarchitecten 公司

图 5-7 荷兰乌得勒支中心大教堂广场，图片来源：OKRA landschapsarchitecten 公司

图 5-8 美国波士顿智慧街道项目，图片来源：http://bostoncompletestreets.org/

六、结束语

从第一次阅读《街道的美学》开始，笔者就持续关注了城市街道的相关问题。在"街道是什么，为什么会这样，其意义何在"的思考过程中持续地遭遇困惑，才发现要想更好地回答这一系列问题，应从更大的系统——城市空间的角度去开展研究。由此，也涉及很多概念的辨析，比如被很多规划师和建筑师挂在嘴边的"公共空间"和"开放空间"，一个强调社会性，一个强调物质性。在一般意义上，街道被理解为城市线性空间的一种类型，而在现场考察和案例分析的过程中，笔者渐渐发现，以单纯的线性空间描述街道有失偏颇，而且，单一的线性空间很难达到引发活动、提升活力的目标。因此，本书引入了与街道在空间上相连的庭院、小型广场、街头绿地三种类型，并对其进行了分析。

在物质空间层面，城市用地类型对街道的影响显著，不同类型的区域，如居住区、办公区、文教区、旅游区、服务设施区等的属性不同。本书也对街、街区、街道的相关概念进行了梳理，如《历史文化名城保护规划规范》中的"历史文化街区"和《城市绿地分类标准》中的"街旁绿地"等。街道最早形成的原因是通行的需要；街道，是交还于人的、生活化的路；街道是"人的空间"而非"车的空间"。虽然本书将"街"与"道"作为不同的概念加以区分，但城市路网结构对于街道属性、空间布局和设施配套无疑具有很大影响。

街道有起点和终点，沿着长度设有各种确定的地点或节点，以做各种特殊用途并开展不同的活动；这种道路可大可小，有着成对比的元素，但最重要的是，它在联结的地点必须为观者提供令人印象深刻的形象。同样，阿兰·雅各布斯也有类似的看法，即街道与其他通道形式相比，"在相同距离上会有更多可看的东西"。在街道上行走，人们感受到的不仅有街道的长度，还有街道的宽度，以及围合街道的建筑的高度等，尺度和比例的探讨十分关键。街道并非二维平面的，而是三维立体甚至四维空间（时间介入）的。R. 克里尔在《都市空间的理论与实践》中研究了空间的基本类型及其衍生方式，具体地对矩形（封闭及开敞式）、圆形、三角形及其组合形式（复合广场体系）进行了探讨。

全球化和城市化对街道的影响显著。芒福德在《城市文化》一书中讲述了冷酷无情的工业城镇，提到了工业革命对街道的影响，描述了社会发生剧烈变迁时，遗产保护的无力。新生活的重建本应包含的诸多内容在拆毁一切旧东西的狂热中荡然无存。城市空间的功能是多重、复杂的，也是动态的，L. 克里尔（Leon Krier）反对人为的功能分区，并在《理性建筑》中阐明，街道、广场和街区三者不同的组合可以带来不同的公共空间类型。

在街道的心理体验方面，人的需求包括物质、心理、社交、平等、记忆、政治、安全等各个层面。在历史发展的进程中，各类城市活动都发生在主要街道上。街道不仅仅作为通道而存在，还承载了聚会、交易、沿街叫卖、街头卖艺、街头马戏、公共演讲和游街示众等活动。街道是场所，而非简单的通道。基于街道上的社交活动，人与人之间、人与街道之间建立了某种联系，这种联系构成了这条街道独特的活动规律，阿兰·雅各布斯称之为"街道的节奏"。日常生活总与街道有关，塞利奥在《建筑五书》中对维特鲁威描述的三种街景做了解释，无论公共集会空间、商业空间还是游憩空间，私密性的需求、看与被看的需求一直存在。美国建筑师刘易斯·芒福德在《城市发展史》中指出："人们的住宅、商店、教堂、住宅区、珍贵的纪念性建设物，是当地人们生活习惯和社会关系赖以维持的整个组织结构的基础。将孕育着这些生活方式的建筑整片拆除常常意味着把这些人一生（而且常常是几代）的合作和忠诚一笔勾销……在拆除时，规划师必须消灭一些珍贵的社会器官，这些器官一旦被清除是不易恢复的，不像重建一片房子或重铺一条街道那样容易。"

研究"街道"的意义在于：街道与生活息息相关；街道是被忽视的日常元素；街道对城市发展意义深远。关于街道空间体系和街道美学的阐述旨在为城市近人尺度空间的设计提供参考。城市空间是一个永恒的话题，在当今"只有城市、没有生活"的语境下，关于城市空间的探讨变得更有价值。

图书在版编目（CIP）数据

解读《街道的美学》 / 胡一可，丁梦月编著 . -- 南
京 ：江苏凤凰科学技术出版社 ，2016.10
　ISBN 978-7-5537-7282-0

　Ⅰ . ①解… Ⅱ . ①胡… ②丁… Ⅲ . ①城市规划－研
究②建筑设计－环境设计－研究 Ⅳ . ① TU984 ② TU-856

中国版本图书馆 CIP 数据核字 (2016) 第 240302 号

解读《街道的美学》

编　　　著	胡一可　丁梦月	
项 目 策 划	凤凰空间／高雅婷	
责 任 编 辑	刘屹立	
特 约 编 辑	林　溪	

出 版 发 行	凤凰出版传媒股份有限公司
	江苏凤凰科学技术出版社
出版社地址	南京市湖南路 1 号 A 楼，邮编：210009
出版社网址	http://www.pspress.cn
总 经 销	天津凤凰空间文化传媒有限公司
总经销网址	http://www.ifengspace.cn
经 　 销	全国新华书店
印 　 刷	北京建宏印刷有限公司

开 　 本	710 mm×1 000 mm　1/16
印 　 张	9.5
字 　 数	122 000
版 　 次	2016 年 10 月第 1 版
印 　 次	2024 年 1 月第 2 次印刷

标 准 书 号	ISBN 978-7-5537-7282-0
定 　 价	45.00 元

图书如有印装质量问题，可随时向销售部调换（电话：022-87893668）。